石岐乳鸽

百年沉淀之美味

中山市人力资源和社会保障局
编

SHIQI RUGE

南方日报出版社
NANFANG DAILY PRESS
中国·广州

图书在版编目（CIP）数据

石岐乳鸽：百年沉淀之美味 / 中山市人力资源和社会保障局编. -- 广州：南方日报出版社, 2024.9

ISBN 978-7-5491-2866-2

Ⅰ. ①石… Ⅱ. ①中… Ⅲ. ①鸽—烹饪 Ⅳ. ①TS972.125.2

中国国家版本馆CIP数据核字(2024)第090419号

石岐乳鸽：百年沉淀之美味

编　　者：中山市人力资源和社会保障局
出版发行：南方日报出版社
地　　址：广州市广州大道中289号
出 版 人：周山丹
特约编辑：刘秋宜　陈之瑜
责任编辑：巫殷昕
装帧设计：邓晓童
责任校对：阮昌汉
责任技编：王　兰
经　　销：全国新华书店
印　　刷：广州市新怡印务股份有限公司
成品尺寸：170mm×240mm
印　　张：9.5
字　　数：150千字
版　　次：2024年9月第1版
印　　次：2024年9月第1次印刷
定　　价：68.00元

投稿热线：（020）87360640　读者热线：（020）87363865
发现印装质量问题，影响阅读，请与承印厂联系调换。

序言

百年石岐鸽　香飘海内外

中国烹调之妙，足表文明进化之深。中华美食不仅是一种生存的需求，更是一种文化的传承和文明的见证。“食不厌精，脍不厌细”的粤菜更是中华饮食文化的重要组成部分。

中山古称“香山”，是广府文化和广府粤菜的发祥地之一。因地处岭南咸淡水交界、毗邻港澳，既有着千年香山文化的传承，又有着百年东西方文化的交融，孕育出善开风气之先的中山“新派粤菜”。其中，带有鲜明中山粤菜特色的“石岐乳鸽”，因独特的烹饪技艺和上乘的选材，成为享誉海内外的百年名菜。

石岐乳鸽的繁育历史可以追溯到1915年，由中山籍华侨从海外带回优质鸽种与本地鸽种配对杂交，培育出新品种的肉鸽，并以其体大肉嫩、胸肉肥厚而著名。从首创红烧乳鸽的澳门中葡菜餐厅佛笑楼，到中国第一家中外合作酒店中山温泉宾馆把红烧乳鸽带回中山，再到中山红烧石岐乳鸽飞上国宴，中山粤菜名厨不断创新石岐乳鸽的烹饪方法，先后开发出红烧、脆皮、明烧、油浸、白切、卤水、盐焗、椒盐等一系列经典菜式，至今仍在续写新的辉煌。不仅如此，石岐乳鸽也深受外国食客的喜爱，我们在国外的唐人街、中餐馆也能吃到石岐乳鸽。如今，一提及“石岐乳鸽”，首先就会让人想到中山这座城市，“石岐乳鸽”已然成为中山最具有代表性的“美食符号”之一。

中山是首个“中国粤菜名城”，粤菜产业基础雄厚，自然禀赋突出，石岐鸽是具有国家注册地理标志的优质产品，石岐乳鸽菜式烹饪技艺被列入中山市市级非物质文化遗产代表性项目，可以说，中山粤菜产业发展具备了天时、地利的先天条件。而政策支撑和引领作用，则极大地调动了“人和”因素。中山深入实施“粤菜师傅”工程，创立中山首个“厨师学院”，累计培训“粤菜师傅”超过3万人次，7名“粤菜师傅”大师获评专业人才高级职称。通过不断整合粤菜产业资源，有效推动中山粤菜做强做优做特，培育壮大粤菜行业技能人才，以粤菜“小切口”带动民生“大发展”。2022—2023年，连续两年举办的“鸽肴”大赛，打造出“湾区厨神”“百米鸽宴”“十六道经典传家菜”“中山十大名菜”等美食品牌。通过升级举办“粤菜师傅+香山夜韵”石岐鸽主题美食集市，吸引国内外游客纷纷来中山感受“人间烟火气”，充分带旺城市夜经济热度，造就名动湾区的美食盛会，以点带面辐射带动中山粤菜餐饮行业整体发展。

2024年，深中通道通车首月，日均超10万车次流量造就了中山美食的超级流量密码——“乳鸽指数”。中山各大乳鸽门店需要用电子屏实时公布乳鸽的当日存量，“石岐乳鸽”一度成为粤港澳大湾区的美食顶流，更是体现珠江口东西两岸融合互动的“晴雨表”。随着粤港澳大湾区建设如火如荼，深中“六个一体化”融合发展，中山“石岐鸽”和深圳“光明鸽”联手打造“世界上最大规模的鸽宴”的吉尼斯世界纪录，“石岐乳鸽”将成为世界级的城市名片！

目录

壹　百年石岐鸽

华侨之乡　培育名种 / 002
肥香酥脆　甘甜鲜美 / 005
美食名片　粤菜辉煌 / 008

贰　岐鸽有百味

粤菜名城　美味中山 / 020
非遗传承　岐鸽百味 / 032
岐鸽新语　百年新生 / 044

叁　至味在中山

郑耀荣：生炸石岐乳鸽 / 054
麦广帆：王子鲍鱼鸽片烩饭 / 058
林开胜：荷叶蒸乳鸽 / 062
李晓荣：神湾菠萝炒石岐鸽 / 066
黄子航：石岐鸽吞翅 / 070
欧健新：高汤鸽吞燕 / 074
黄镇威：花雕蒸石岐鸽 / 078
黄锡强：木姜子焗石岐鸽 / 082

肆　香山有“鸽肴”

岐鸽飘香　幸福菜谱 / 089
香山至味　岐鸽争名 / 108
湾区月圆　岐遇香山 / 122

伍　向湾区图强

匠心之味　走出中山 / 128
潮涌珠江　湾区之心 / 140

壹

BAINIAN SHIQIGE
百年石岐鸽

说起乳鸽，很多人都会想到中山这座粤菜名城。作为广府菜的重要发祥地、新派粤菜的发源地，中山物产丰富、美食众多，其中“石岐乳鸽”是中山一张闪亮的美食名片。石岐乳鸽遍布中山内外大小食肆，还不乏来自港澳等外地食客专程到中山品尝石岐乳鸽的传统味道，“打包带走”也成为老饕们的惯例，其名声已远扬海内外。

华侨之乡　培育名种

据现有史料记载，中国人在3300年前的商代中期便开始饲养鸽子。至少从汉代开始，鸽子已经成为人们餐桌上的美味佳肴。《周礼》记载：“庖人掌共六畜、六兽、六禽。”其中的“六禽”包括雁、鹑、鴳、雉、鸠、鸽。从中医的角度来看，鸽肉有补肝壮肾、益气补血、清热解毒、生津止渴等功效。

中山素来有养鸽食鸽的传统，当地华侨乡亲在四百多年前从美洲引进了良种鸽，当时只是作为观赏鸽加以饲养繁育，后来见其繁殖快、适应性好、风味独特，便逐渐把它转为了家养食用鸽，而养鸽食鸽也慢慢成了当地人家的一种时髦。

中山是著名侨乡，石岐鸽的培育诞生，也源于华侨的功劳。在《中山市志》中，记载了石岐乳鸽的由来：1915年，旅居美国的中山华侨从美国带回了“白羽王鸽”“仑替鸽”和“大贺姆鸽”等名种，在饲养过程中与本地鸽配对杂交。其后，又有华侨从日本带回了“钦麻鸽”、从澳大利亚带回了“澳洲地鸽”等世界各国的优质名鸽，经过长期培育，大约在20世纪30年代，培育出了集合多种名鸽优点、适合本地饲养、品质优良的肉鸽品种。这种鸽子产卵周期短，孵化成功率高，生长快速，孵化三四周后，体重就可长到一斤以上，毛色白羽素裹，胸肌肥厚，吃起来细皮嫩肉，骨软而脆，有一股独有的香味，炖汤味道鲜美，营养价值高。因产自石岐及其周边地区，故被人们命名为“石岐鸽”。

1
2

1. 20世纪的石岐鸽养殖场。石岐鸽场供图

2. 石岐乳鸽骨架大、肉身浑圆

1
2
3

1. 白羽素裹的石岐鸽
2. 石岐鸽羽毛光泽度高，灰色的石岐鸽脖颈处的羽毛在阳光下反射出紫色和绿色的光泽，如同一圈项链
3. 石岐鸽翅膀较短、胸肌肥厚，更适合食用

石岐是中山的老城区，是当时临近港澳和广州城区等鸽肉需求市场的主要经济区和人口居住区，随着品种优化，石岐鸽名声逐渐远扬。石岐鸽是中国最优良的肉鸽品种之一，肉质鲜滑，而那些未完全发育的妙

龄石岐鸽，就被称为石岐乳鸽。算下来，石岐乳鸽已经有上百年的历史了。

民间亦素有“一鸽胜九鸡”的说法，广东人喜爱用老鸽煲汤，认为这样才能最大程度地保存鸽肉的营养，是极佳的营养滋补品。而对于大多数的中山人来说，改革开放以前资源匮乏的时期，能吃上一只鸽子俨然是件“不得了”的事情。

在20世纪，鸽子是中山出口港澳的重要农产品。因为地理位置毗邻，从民国时期开始，中山、珠海便是香港、澳门两地的“菜篮子”之一。大量的活猪、鸡鸭鹅、水海产品、鲜果、干果、蔬菜装满了当时客货两用的“花尾渡”，这些拖渡船游走在珠江三角洲的水网之间，最终到达港澳，为内地换回来当时紧缺的外汇和各种物资。

据研究分析，石岐鸽蛋白质含量高，脂肪含量低，含有的人体所需氨基酸占其氨基酸总量的40%左右，是优质的蛋白质来源；石岐鸽肉含有丰富的不饱和脂肪酸，占脂肪酸总量的66%，其中多不饱和脂肪酸含量很丰富，表明石岐鸽肉具有很好的营养价值和健康保健作用，除此之外，石岐鸽还含有较丰富的微量元素，特别是人体必需的锌和硒元素。

2020年12月，“石岐鸽”正式被认定为国家农产品地理标志产品，成为全国仅有的两个获得该标志认证的鸽子品种（另一个是新疆阿克苏地区的“塔里木鸽”，其主要用于赛鸽，肉质坚韧、口感不佳）。现如今，石岐鸽产区已延伸至江门荷塘、广州增城和从化、惠州博罗、清远英德等地。

肥香酥脆　甘甜鲜美

石岐乳鸽以体大肉嫩、胸肉肥厚而著名，其最大特征是好吃。石岐乳鸽指代的不仅是乳鸽的品种，现在还特指那些经过腌渍和烘烤或油炸后的脆皮鸽。此外，鸽子的年龄是一门学问，一般鸽子在被母鸽喂食的

30天内都算乳鸽，但实际上石岐鸽发育快速，10多天的乳鸽已经可以陆续上市。这些乳鸽经过烘烤或油炸后外酥里嫩，一口咬下去肉汁在口腔中迸发，让食客难以忘怀。

石岐乳鸽烹制方法多样，但传统做法的红烧乳鸽最为出名。红烧石岐乳鸽的地道做法为挑选12—14天的乳鸽，宰杀沥干水分后，将其浸泡在刚烧开的白卤水（配以丁香、大小茴香、八角、花椒、桂皮、草果、绍酒、糖等）中约10分钟后捞出并在鸽身上涂上一层脆皮水（麦芽糖

1 | 3 4
2

1. 10—14天的妙龄石岐鸽
2. 红烧石岐乳鸽
3. 红烧石岐乳鸽皮脆肉嫩、汁水多
4. 红烧石岐乳鸽实际是油炸石岐乳鸽，炸至颜色金黄

浆），晾干水分，放在油篱上，用勺将滚烫的油反复往乳鸽身上淋浇，并翻动鸽身，使受浇均匀；待鸽身变成金黄色，皮脆，呈现玻璃透明状时便可取出，食用时可配以淮盐、喼汁，食时皮脆肉滑、甘香鲜美、幼嫩可口。最为一绝的是“略带汁水，而细视之却并不是汤露。鸽子本身的鲜香质素，一切都包含在它本身之上，既未被榨，亦不外泄”，这是1943年上海《新都周刊》刊登的文章《乳鸽》对石岐乳鸽的记述。

“肥香酥脆滑，吃完还是心思思，又叫老板来一只，来呀来一只。”这句民间顺口溜，充分说明红烧石岐乳鸽的美味。石岐鸽主要用谷物饲养，改革开放以前物少价高，长时间以来，只有少数人家零星饲养，当时中山只有两三家大酒楼用鸽入菜，食法大多是炖汤。当地人认为鸽子罕有难得，炖汤才能发挥其最大的滋补效用。翻查本地食谱史料，也鲜有提及鸽的烹饪方法。

红烧乳鸽其实是一道西餐，这一广为人知的做法，最早是在广州太平馆西餐厅被创制出来。1963年编印的《名西菜点教材》介绍了其做法：“先用老抽涂抹乳鸽表面，再将乳鸽放入炽热滚油内浸炸15分钟致熟，然后捞起斩件上碟并浇上番茄酱和伴上炸薯条供膳。”这样的做法在讲究精致的西餐制作过程中略显粗糙。

正式选用石岐鸽做红烧乳鸽的做法，起源于澳门的一家中葡菜餐厅——佛笑楼。该餐厅于民国初期由中山长洲人黄民成开办。一直以来，澳门的主副食品主要依赖内地供应，为了迎合澳门土生葡萄牙人的饮食习惯，佛笑楼的大厨创制出了一种烘烤石岐乳鸽的吃法，做法也更加精致：选用生长21—28日约8两重的乳鸽，用白卤水淹渍之后，经烤箱烘烤而成。这样做成的红烧石岐乳鸽，皮脆肉滑、幼嫩可口、油而不腻，色香味俱佳，最大的特点是脆皮之下肉质间饱含鲜醇浓香的肉汁，用手撕开咬皮吸汁，实在是一种享受。此做法烹制的石岐乳鸽广受中葡人士赞赏，店家美其名曰“红烧石岐乳鸽”。

《新都周刊》1943年刊登的文章《乳鸽》，记载了一名食客在佛笑楼的“探店”过程，他称赞乳鸽炸得“上透而不焦，实而不枯”，“切下来是一块完整的嫩肉，放进嘴里，舌头牙齿上下颚，稍会运动一下，肉粒已失其所在，只芬芳甘美的液汁，涂满了你的口腔……”

澳门是粤港澳往来通衢之地，中外过往人员非常多，特别是抗日战争全面爆发以后，内地大批富商名人纷纷逃到澳门，借酒消愁，饮食思乡，红烧石岐乳鸽在逃难的文人笔下，更是诱人之极。佛笑楼因红烧石岐乳鸽而扬名，红烧石岐乳鸽也因佛笑楼而传播海内外。直至中华人民共和国成立前，佛笑楼都有专船到石岐采购乳鸽。后来香港十分出名的沙田红烧鸽，用的鸽子也是来自中山的石岐鸽。

美食名片　粤菜辉煌

虽然吃法已开始逐渐传播，但正宗石岐鸽的产量并不高。1970年，中山饲养的石岐鸽种鸽在1万对左右，年产乳鸽约3万只，并且几乎全部用于出口港澳地区。因此改革开放之前，中山传统家禽类名菜以鸡、鸭、鹅为主，少见有鸽。

20世纪80年代的孙文西路。中山市档案馆馆藏

当年，肉食比较缺乏，人们一般将石岐鸽养至一两斤重（约需30—40天），务求肉质多而丰满。据20世纪50年代蜡版油印出版的《中山饮食》记载，中山石岐乳鸽的制作“多选用胸部有三指大，重一斤四两，两翼有乳包，头有黄色奶毛，软身的嫩鸽”，用蒸、炖、卤、炸等方法烹调。当时中山本地无人会做澳门佛笑楼的红烧石岐乳鸽。

许多中山人第一次吃到红烧石岐乳鸽多是在20世纪80年代内地开放港澳旅游后，前往澳门佛笑楼或香港沙田的餐厅。直至改革开放后，由于石岐鸽的产业化生产以及菜式逐步丰富，石岐乳鸽才逐渐从高档酒店

走上百姓餐桌。

1980年开业的中山温泉宾馆，由包括霍英东和何鸿燊在内的港澳著名企业家投资兴建，是中国第一家中外合作酒店，比广州白天鹅宾馆还要早诞生3年。中山温泉宾馆的开业宴，自然少不了中山的本地名产，霍英东专门从澳门请来厨师操办开业宴，点名须有红烧石岐乳鸽这道菜式，这种烹饪方法随之流传到中山。

12月28日，中山温泉宾馆开业，由时任全国人大常委会副委员长的杨尚昆主持开幕式，开业宴筵开一百多席，创下了中山历史纪录。应邀出席的嘉宾中80%以上是中国港澳及海外的政商名流、侨领，这些嘉宾见多识广，品尝过不少山珍海味，而席间他们更关注的却是在石岐鸽的产地品尝正宗的红烧石岐乳鸽。

品尝红烧石岐乳鸽向来讲究“原只整上”“动手享用”。中山温泉宾馆开业宴上却是每席端上一盘，三只乳鸽被切分成十二件，每位客人只能享用四分之一只，有客人不免私下嘀咕，如此高规格的宴会，主人家竟如此“孤寒”（吝啬）。

时任中山县革委会副主任、兼任中山温泉宾馆副董事长的李斌，对这一幕记忆犹新。在中山温泉宾馆筹建项目中，他作为中山县政府领导中的最高负责人，被分派专门负责中山县当地的物料供应及各项协调工作。据李斌回忆，那是实行改革开放政策的初期，当时中山的物资仍很缺乏，石岐乳鸽供应严重不足，开业宴上的乳鸽还是县政府通过各种软硬兼施的手段，由县府接待办与经贸办各派一名主任专责协调，动用全县的力量搜集了当时全县的资源，准备了整整一个月才勉强备得如此数量。时任中山县委统战部部长林藻还记得，当时用石岐乳鸽接待还需特批，每用一只都要向中山县财贸委员会报销备案。

1979年中山全县年产乳鸽不足三万只，合格的全部用于完成国家下达的出口任务，一般情况下只有10%左右留作内销。由此推算，光是中山温泉宾馆开业宴会这一顿饭，已吃光了中山县当月全部内销鸽。

自从中山温泉宾馆开业宴上红烧石岐乳鸽一举闻名之后，石岐乳鸽就成为中山菜的代表名菜。1984年8月25日，中国内地第一个国际标准

1
2

1．20世纪80年代的中山温泉宾馆。中山温泉宾馆供图

2．中山温泉宾馆早期的红烧石岐乳鸽菜式。梁锐　摄

高尔夫球场——中山温泉高尔夫球场开业。中山温泉高尔夫球场会所的餐厅是依托中山温泉宾馆饮食部建设起来的，主要为前来打高尔夫球的客人提供服务。打高尔夫球的客人属于一个独特的消费群体，他们喜欢个体性的体育运动，追求美食又注重健康饮食。

中山温泉高尔夫球场开业前几年，顾客清一色是港澳同胞和海外人士，他们对闻名遐迩的红烧石岐乳鸽十分感兴趣。澳门佛笑楼创制的红烧石岐乳鸽个大肉多，打高尔夫球的客人多喜欢独自用餐，且注重健康饮食，不喜欢一人食用一整只鸽，量大超标吃不完，丢掉又浪费，但切件开边的红烧石岐乳鸽又失风味。球会会所餐厅开业初期，经常遇上这一尴尬情况。

针对这一情况，几位年轻的餐厅经理与厨师共同商讨对策，受烹调禾花雀的启发，他们对石岐乳鸽的选材进行了改良，改用出生10—15天个体较细小的幼鸽。这种幼鸽个头比以往采用的小，体重大约四两半，做出的红烧乳鸽整只大小适合一人分量，比传统的红烧乳鸽更为骨软肉嫩，风味有过之而无不及。改良后的红烧乳鸽颇受客人欢迎。

这款新菜当时还没有专属名称，只是简称为“球会烧乳鸽”。不久，这种做法也出现在中山温泉宾馆的中餐厅。当时，新旧两种做法并存，餐厅营业部部长为客人点菜时常要仔细询问客人是要“传统大只的

1 | 2

1．20世纪80年代的中山温泉宾馆。中山温泉宾馆供图

2．邓小平1984年曾下榻中山温泉宾馆，并登上宾馆后面的罗三妹山，留下了“不走回头路”的改革名言

现如今，中山温泉宾馆仍坚持做好最本色的石岐乳鸽菜肴，吸引海内外客人

红烧乳鸽”还是“球会那种细只红烧乳鸽”。

这种新式石岐乳鸽选材法很快在中山其他酒店传播开来。后来经过富华酒店及怡景假日酒店多位大厨的多番改良，逐渐选用更细只的、出生7—15天的幼鸽，制作方法从传统的浸卤后下锅油炸变成挂卤风干后再用西式淋油方式制作，方法更便捷、更适合妙龄鸽的个小特点，出品口味更佳，更受客人的欢迎，经济效益也更高。“妙龄鸽”实际上比

“乳鸽”更初生，饲养时间更短，其制法和吃法更为美妙，被社会广为接受和传播。

霍英东每次到中山温泉宾馆必点红烧石岐乳鸽，甚至每次临走前都要打包数只带回香港与家人分享。而霍英东每次在中山温泉宾馆宴客也必定少不了这道菜。霍英东拜会国家领导人，闲谈之时也每每提及中山温泉宾馆的红烧石岐乳鸽，推介其香鲜美味。当时不少国家领导人南下考察，下榻中山温泉宾馆，红烧石岐乳鸽也是他们的必点菜式之一。

改革开放初期，邓小平要求中央的领导及部委办负责人尽可能到南方走一走，以正确认识改革开放的重要意义。中央领导在中山温泉宾馆考察、调研时用餐自然少不了红烧石岐乳鸽这一中山名菜。红烧石岐乳鸽给中央领导留下了深刻的印象，这也为红烧石岐乳鸽成为国宴名菜打下了基础。

1994年5月的一天，时任中山温泉宾馆总经理的郑伟枢接到上级电话，要求中山温泉宾馆派两位厨师到北京钓鱼台国宾馆为国宴烹制石岐乳鸽。当时钓鱼台国宾馆只是知道石岐乳鸽出名，但不清楚传统红烧乳鸽和球会妙龄鸽的区别，只是简单地提出用石岐乳鸽的要求。郑伟枢与宾馆主厨商量过后，决定选用适合国宴菜品整只位上的球会妙龄鸽，于是派出了就职于温泉高尔夫球场球会会所餐厅的陈钢强、林炳忠两位师傅，因为他们更擅长烹制球会妙龄鸽。国宴宾客对这款来自中山的美味赞叹不已。

2001年，钓鱼台国宾馆的相关人员到广东考察粤菜，并邀请中山厨师到钓鱼台国宾馆主理国宴。此后，石岐乳鸽便频频出现在国宴等重大宴席上。石岐乳鸽作为地方名菜飞上了国宴餐桌，成为中山城市文化的一张亮丽名片。

20世纪80年代中山最早做红烧石岐乳鸽的一批餐厅中，如今只有中山温泉宾馆还在营业。

朱德强是中山温泉宾馆出品总监，从厨三十余年，曾获世界粤菜文化卓越贡献奖、获评“粤港澳十大名厨”、广东省四星“粤菜师

朱德强

中山温泉宾馆

中山市三乡镇
雍陌村

傅”名厨。朱德强介绍，石岐乳鸽烹制方法繁多，其中最为经典的还是金黄香酥、肉嫩多汁的红烧石岐乳鸽，能让食客品尝到本地食材真正的味道。

朱德强回忆，自己刚入行时，石岐食街十分火爆，许多来自香港、澳门的食客来到中山都会特地前去点一只红烧乳鸽品尝。“老一辈的香港客人还会跟后辈们特地介绍，石岐的特色菜就是红烧乳鸽。”

如今石岐乳鸽有五花八门的味道，也是各式各样的做法，但红烧石岐乳鸽依然是最传统、最有中山记忆的味道，也是众多中山人童年的味道。很多人认为生炸比红烧的做法优势在于能保留更多乳鸽的汁水，但朱德强说，真正做得好的红烧石岐乳鸽一样汁水丰盈，且更入味，但难度却比生炸更大，更考验师傅的能耐。

中山温泉宾馆的红烧石岐乳鸽早已超出了美食的范畴，它是中山改革开放以来发展的一个缩影，未来将会越飞越高。

中山温泉宾馆的红烧石岐乳鸽也在不断改良做法

贰

岐鸽有百味

QIGE YOU BAIWEI

中山位于珠江三角洲中南部，东面临伶仃洋，珠江八大出海水道中有磨刀门、横门、洪奇沥等三条经市境出海。古代称“香山”，是国家历史文化名城，是广府文化的代表城市之一，发祥于中山的“香山文化”是中国近代文化的重要源头。中山是一个人杰地灵、名人辈出的地方，是一代伟人孙中山先生的故乡。得益于优越的地理位置，中山四通八达、物产丰富，是广府菜的重要发祥地、新派粤菜的发源地，全国首个“中国粤菜名城”，“吃在中山”是许多珠三角居民、港澳台同胞以及海外侨胞的共识。

粤菜名城　美味中山

中山市下辖23个镇街，一镇一特色、各季各美味，中山人深得顺应

1 | 2

1. 中山城市景观。叶志文 摄
2. 坐落在城区的孙文纪念公园。叶志文 摄

四季、因地制宜之真味。中山众多的美食是如何诞生的呢？来自中山的广东省五星级“粤菜名厨”黄镇威讲解道：其一是得益于独特的地理位置，中山刚好处于珠江口岸，咸淡水相交使得本地食材多为别处少见的咸淡水海鲜，中山的五桂山是珠江口最高的山峰，有山、有海、有江，使得当地食材非常丰富多样，广府菜注重食材的原汁原味，因此食材的多样性和优良品质决定了中山菜能达到极高的高度；其二是源于中山悠久的历史，香山文化数百年的底蕴，使得当地人对饮食的要求很高，食不厌精、脍不厌细，让中山美食发展出新的高度。

中山代表性食材丰富多样，石岐的乳鸽自不必多说，还有东升的脆肉鲩、神湾的禾虫、黄圃的腊味、横门的水蟹、横档的风鳝等等，食材之优质和丰盛在美食众多的广东也称得上数一数二。此外，中山是改革

开放的前沿阵地，港澳及海外的菜式及烹调技艺往往经由中山再传往内地，中山温泉宾馆开业头4年，凭借强大的名声效应共接待了来自20多个国家和地区的中外宾客400多万人次，以中山温泉宾馆为开端，大量西式调味料、食材、烹饪方式涌入中山，诞生了融通中西的“新派粤菜”。如今，中山汇聚了更多全国各地的宾客和人才，经济不断发展的同时伴随着美食与其他菜系的不断融合与创新。

近百年来，中山粤菜兴盛、名师辈出。2023年，由中山市人力资源和社会保障局牵头，联合中山市商务局、中山市文化广电旅游局、中山市烹饪协会等，开展了“粤菜师傅”系列评选活动。经过广泛的社会遴选、历史文化资料收集、食材及餐饮企业实地考察、顶级粤菜师傅集中评审、现场菜品展示评议等环节，“中山十大名菜”正式出炉。

1 | 2

1. 中山城区。王云 摄
2. 黄昏时分的孙文西路。叶志文 摄

“中山十大名菜”涵盖了中山最具地域特色的食材，如石岐鸽、脆肉鲩、沙栏鸡、神湾禾虫等，展现中山粤菜技艺技能的烹调方式，如红烧、白切、焖、碌、快炒、焗等，将食材与烹调方式、时令菜肴与营养价值完美结合，是最具影响力、最有群众基础、最能体现中山特色、最能代表“中国粤菜名城——中山味道”的美食名片。

中山十大名菜

红烧石岐乳鸽

石岐鸽，中山最具特色食材、国家农产品地理标志产品，因产自石岐及其周边地区而得名（为中山籍华侨从国外引进的优良鸽种同石岐的优良鸽种杂交后培育繁衍出来的鸽种），以体大肉嫩、胸肉肥厚而著名。取其最佳食用节点（12—15日生长期），用红烧技法烹饪。如今已成为最具特色、最受欢迎的中山首推名菜，是中山美食的亮丽名片。

豉汁蒸脆肉鲩鱼腩

中山脆肉鲩，国家农产品地理标志产品，是利用优质的水库水源，通过喂蚕豆、运用活水密集养殖法养育成的草鱼改进的品种，因其肉质结实、清爽、脆口而得名。本菜式的原料是脆肉鲩全身上下最精华的腹部鱼腩。鱼腩切片处理干净后，将其和豆豉等其他配料搅拌腌制，蒸制即可。蒸熟的鱼腩放入口中，豆豉的鲜香带出鱼肉的清甜，让人拍手称绝。

白切三角沙栏鸡

原产于三角镇的沙栏鸡是中山名产品，广东四大名鸡之一。“无鸡不成宴”是中山菜宴席的传统，在中山菜中，鸡的烹饪方法非常多，讲究原汁原味的“白切”是首选。对于沙栏鸡来说，“白切”的做法更能体现肉质的嫩滑。

1
2

1. 中山十大名菜——豉汁蒸脆肉鲩鱼腩
2. 中山十大名菜——白切三角沙栏鸡

1 | 2

1. 中山十大名菜——蒜子火腩焖横档风鳝
2. 中山十大名菜——沙溪扣肉

蒜子火腩焖横档风鳝

中山菜中用于烹饪的海鲜类食材主要产于珠江口的咸淡水交汇的水域，在黄圃镇横档村捕捞的风鳝是其中的名贵品种，肉厚脆爽，鲜而不腥。“火腩”即广东烧肉，时常被巧妙地用作中山菜的辅料，在此道菜

式中可增添肥美丰富的口感，使肉香和鱼香充分渗透。在中山的传统宴席上，这道菜是一道高档菜，代表着待客的至上规格。

沙溪扣肉

古香山的隆都（包括沙溪、大涌）人自闽南迁徙而来，形成独具特色的隆都菜。“沙溪扣肉”是“隆都三宝”之首，是隆都地区宴席的必备。沙溪扣肉采用先腌、再炸、后蒸的做法，需时较长，依时令配以粉葛或香芋，肉滑不腻。

1 | 3
2

1. 中山十大名菜
——小榄炸鱼球
2. 中山十大名菜
——钵仔焗神湾禾虫
3. 中山十大名菜
——盐焗横门奄仔蟹

小榄炸鱼球

小榄菜起源于明代小榄山，最早的记载始于明朝。在香山历史中，小榄菜占据重要地位，其中，“小榄炸鱼球”最为著名。采用本地鲮鱼，去刺打成鱼滑，加入陈皮、蒜蓉、姜丝等，做成球状，下锅炸至金黄，配蚬蚧汁、菊花、生菜包等食用。经发酵而具独特风味的蚬蚧汁，是不可缺少的“专享”蘸料，又称“灵魂酱汁”。

钵仔焗神湾禾虫

禾虫，因产于水稻田淤泥中而得名。中山沙田广阔，历来盛产禾虫，每年上半年立夏至小满、下半年寒露至霜降的节令之间，禾虫钻出泥面，可用网具装捕，神湾、坦洲等地近海区域较多。禾虫含丰富蛋白质、脂肪、铁、磷和维生素B等，营养价值高，味道非常鲜美、香甜。这道菜以香气浓郁、口感柔滑著称。先将禾虫洗净后放钵仔中用剪刀剪碎至充分出浆，加入适量捣碎的蒜蓉、陈皮、粉丝、蛋白等调味拌匀，放钵于锅中隔水炖熟，再将钵仔禾虫移至慢火炭炉或电炉上烘至干水有焦香味，属滋补食疗上品。

盐焗横门奄仔蟹

中山横门地处咸淡水交界处，所产奄仔蟹背青肚白、肉质饱满、远近闻名，属于上乘佳品。在锅中铺满海盐，高温烹饪不加一滴水，浓缩奄仔蟹肉质之鲜甜，蟹膏滑软如流沙，半透明的胶质层在唇齿间爆裂，尽显“高端的食材只需要简单烹饪”之妙，成为众多食客们的心头大爱。

民众碌鹅

民众三墩村，一直以来有利用水草养鹅的习惯。烹饪碌鹅时，用手工劏鹅拔毛，将洗净的鹅放入大铁镬内，用花生油煎滚翻碌至鹅皮呈现金黄色，将鹅捞起，倒掉铁镬里的油，然后用姜和蒜头起镬，再将碌过的鹅放入铁镬内，放入各种调味料炆煮半小时，之后将鹅斩件装盛于小铁镬内，放在炉子上加热，淋上炆鹅汤汁并加入薄荷叶，用此传统技艺

1 | 2

1. 中山十大名菜——民众碌鹅
2. 中山十大名菜——黄圃腊味小炒皇

烹饪出来的碌鹅具有水乡农家菜原汁原味的特征，味道浓郁清香，令人食指大动，回味无穷。

黄圃腊味小炒皇

中山黄圃腊味，经数百年的发展演变成为品味丰富的产品系列，是中山著名的特产之一。2009年，黄圃腊味传统制作工艺被纳入广东省级非遗名录。中山市黄圃镇也是中国目前最大的“广式腊味”生产基地，本菜式以黄圃腊味入菜，选配时令蔬菜、河鲜以及粤式萝卜干，急火快炒，成菜后颜色鲜亮、腊香阵阵、咸鲜可口。

非遗传承　岐鸽百味

百年孕育百味，石岐乳鸽菜式烹饪技艺于2022年5月被列入中山市市级非物质文化遗产代表性项目，使得这一美食技艺得到更好的保护和推广。

石岐乳鸽菜式烹饪技艺的创新发展有两个关键转折点：第一个是改革开放。在石岐乳鸽菜式烹饪技艺传承人郑耀荣的记忆中，中山开始大量出现以石岐乳鸽为原材料烹饪的菜肴是在改革开放以后，“那时候中山经济好了，大家开始注重吃的，石岐乳鸽凭借鲜嫩的口感，慢慢替代了老鸽子煲汤的传统吃法”。

第二个则是在1991年，郑耀荣首创出“生炸石岐乳鸽”，一改传统的红烧做法，并凭借这道菜斩获了亚洲美食金奖。当时郑耀荣觉得传统的红烧乳鸽不够酥脆，他想改良一下，想到了此前自己从香港师傅那里学来的脆皮鸡。他专门来到乳鸽的饲养场，订了一批3两半到4两的小乳鸽，取代了之前18—21天的7两乳鸽，随后把卤水用的五香粉、八角、丁香、草果、香叶、陈皮等统统打成粉末，再下入锅中，用食盐翻炒，随后把这些作料涂抹鸽身内外，下油锅烹炸。郑耀荣的师父黄锐坤是广

1 | 2

1. 花雕石岐鸽
2. 生炸石岐乳鸽

1 2

1. 陈皮鸽腿
2. 盐焗乳鸽

东第一届十大名厨，也是红烧乳鸽的第三代传承人，当他听说徒弟做了新式的脆皮鸽，特意品尝，给出了点评："多汁，肉嫩，骨软。"

郑耀荣的生炸石岐乳鸽一经发明，也引来其他餐馆的学习模仿，并且不断推陈出新。即使是传统的红烧乳鸽，一些餐厅的大厨也别出心裁地加入了中山特色的香料——香茅，在厚重的肉味中增添些许柠檬清新，吸引了不少食客专程远道而来。

石岐乳鸽成为中山侨乡文化的缩影。先富起来的华侨为家乡带来了丰富的物质，由于邻近港澳，中山也引领了商业风气之先，分散于港澳乃至世界各地的众多海内外乡亲纷纷回来投资开铺，酒楼、食肆、药

店、银号、相馆在孙文路上栉比鳞次。

按出生天数，石岐乳鸽有不同的做法：20天以内的妙龄鸽，用作生炸、红烧乳鸽，口感堪称一绝；21—28天的中鸽，放进砂锅里，配上陈年花雕炆熟，打开砂锅瞬间香气四溢；而过了30天的老鸽，频繁的走动、觅食令它脂肪消耗、肉柴骨硬，但中山人依然为它找到了最好的安排，炖一盅老鸽汤或老鸽粥，鲜美滋味犹存。

1 2 | 3 4

1. 荔芋鸽脯
2. 潮式川椒鸽
3. 辣子鸽
4. 避风塘乳鸽

1 | 2
  | 3

1. 莲子百合鸽蛋糖水
2. 乳鸽煲仔饭
3. 沙姜焗乳鸽

1 | 2 | 3

1. 冬菇煲中鸽
2. 土茯苓绿豆陈皮老鸽汤
3. 陈皮卤香鸽

石岐乳鸽现已变幻出眼花缭乱的阵容：卤水、豉油皇、白切、盐焗、熬糖水……什么样的做法为最佳，没有定论。正如郑耀荣所说：“有传统无正宗，在传统的基础上创新，无论是传统菜还是新派菜，最佳的评判始终是顾客。”

石岐乳鸽烹制方法繁多，炸、烤、卤、煲汤皆宜，背后有着千变万化的烹饪技巧演变，更有着中山粤菜的创新探索。有着百年繁育历史的石岐乳鸽历久弥新，中山粤菜已开启了传统与创新的新历程。

位于横栏镇的一品鱼羊，自2012年开业以来便广受中山本地人欢迎，成为当地美食的集结号之一，常常爆满，近年才在各地开出分店，依旧座无虚席。

一品鱼羊的主理人黄金海是一位对食材执着、对味道又有追求的老餐饮人，也是广东省四星“粤菜师傅”名厨。他走南闯北，积累了一身技艺，最终还是割舍不了粤菜，忘不了最初学师时掌握的那道中山名菜——石岐乳鸽，于是，2012年在横栏开店，初期菜单就有了“呢只乳鸽”，“呢只”是粤语，就是“这只”的意思，简单却有种命定的味道，不是那只，不是那家，好吃的乳鸽就是这家的“呢只乳鸽”。

“呢只乳鸽”采用的是生炸的做法，表面金黄酥脆，内里鲜嫩、汁水充盈，味咸鲜香，皮肉分离。2005年，黄金海在北京掌厨时，注意到

黄金海

中山市金海一品鱼羊餐饮有限公司

中山市横栏镇景帝路4号恒东时代花园11－16卡

呢只乳鸽

市面上常见的生炸乳鸽普遍存在油炸后变形的问题，不够酥脆多汁。因此，黄金海花费了整整三年时间，每天泡在厨房，钻研乳鸽脆皮水的优化配方。有时，他一天要消耗近30只乳鸽，从自己到其他厨房员工，都吃“怕”了实验的乳鸽菜品。终于在2008年，黄金海创造出了具备个人特色的生炸乳鸽。这道乳鸽采用生腌、风干、生炸的做法，配以他改良的脆皮水和植物香料，油炸后鸽身饱满透亮，吃起来皮脆肉滑多汁。黄金海将其取名为“呢只乳鸽”，意为不作定义、交由食客评判。在黄金海看来，石岐乳鸽是中山的美食名片，中山的厨师一定要会做乳鸽。为了追求更好的食材品质，黄金海自己开办了石岐乳鸽养殖场，保证每只乳鸽都够软嫩、够肥美。作为一品鱼羊的招牌菜，“呢只乳鸽”每间店一天能卖200多只，一个月能卖几万只。黄金海还是最早做石岐乳鸽预制菜的商家之一，预制乳鸽发往全国各地，每月超万只，配脆皮水销售，反响甚好。

对传统菜的坚守、传承与创新，是黄金海的追求，他坦言，希望“呢只乳鸽”可以让食客们更怀念中山菜。

岐鸽新语　百年新生

1980年中山温泉宾馆开业时，全县年产乳鸽不足3万只。如今，中山市的石岐乳鸽日销便超过了3万只。这背后离不开产业链的完善和政策的加持。

石岐鸽是国内核心肉鸽品种之一，在中山有着超过100年的繁育养殖历史，曾是国家出口的重要产品。近年来，随着国家出口产品不断丰富，石岐鸽逐渐从出口市场回撤，加快开拓国内市场。中山市石岐鸽养殖有限公司是目前国内石岐鸽的唯一保种养殖场，年产乳鸽超过200万只，每年内销份额已升至整体销售的八成。拥有红烧石岐乳鸽这道经典名菜以及“粤菜师傅”工程等文化和政策加持，百年石岐鸽已打响新一轮产业品牌升级战。2020年底，石岐鸽被认定为国家农产品地理标志产品，石岐鸽产业走出了品牌升级的重要一步。

近年来中山不断创新模式，加快推动石岐鸽品种和石岐乳鸽菜式的

1．20世纪90年代的石岐鸽场。石岐鸽场供图

2．广东省石岐鸽保护场

3．石岐鸽场是国家后备种鸽养殖标准化示范区

标准化建设，形成标准化的石岐乳鸽公共品牌。中山市人力资源和社会保障局相关负责人表示，结合“粤菜师傅”工程，中山正开发石岐鸽粤菜菜品，制定包括以石岐鸽等本土名优食材为原材料的“中山名菜”标准。在养殖和销售环节，石岐鸽养殖标准和产品市场监管措施也正在优化提升，未来，中山对石岐鸽的品牌建设和保护将实现从养殖到餐桌的全链条覆盖。

2021年，中山市农业农村局发布《中山市石岐鸽产业标准体系》，有效期为三年。该标准体系针对石岐鸽产业领域，围绕石岐鸽产品的产地环境、投入品、养殖、加工、产品、检验、标识、包装、运输、贮存、服务和品牌建设等各环节进行了细分，共分为十个子体系。该产业

1 2 3 4 5

1. 石岐鸽场现采用自动化机器喂食，大大提高了效率
2. 鸽子的孵化温度在38摄氏度左右，因而温暖的南方更适宜鸽子繁殖
3. 石岐鸽场2004年创新研发了人工孵化模式，使得石岐鸽的孵化率大幅提升。图为员工在挑选合格的鸽蛋进入孵化箱
4. 刚出生的幼鸽
5. 石岐鸽场2004年创新研发了人工孵化模式，使得石岐鸽的孵化率大幅提升。图为员工将鸽蛋放入孵化箱

体系建成后，将持续推动石岐鸽生产企业的精细化、标准化和规范化发展，全面提升中山标准化服务能力和企业标准化水平，为石岐鸽的生产和检测提供标准供给。

作为石岐鸽生产的源头，石岐鸽场坐落在中山三乡白石村内一片山坳之中，是中国肉鸽的主要出口基地，石岐鸽场每年可供应种鸽10万对、乳鸽200万只、鸽蛋70万枚，几乎每天都有石岐鸽通过冷链配送至

1 | 3
2

1. 乳鸽由母鸽嘴对嘴喂食鸽乳，营养丰富

2. 石岐鸽的原粮饲料由玉米、豌豆、豆粕、高粱、小麦组成，营养而又健康

3. 石岐鸽吃原粮、长势快，是很健康安全的优质食材

全国各地的餐饮企业。石岐鸽场通过与华南农业大学等高校和广东省农科所等科研机构合作，进一步提升了石岐鸽良种繁育品质。

进军预制菜领域，是石岐鸽产业延伸的另一个探索方向。2022年3

月25日，广东印发《加快推进广东预制菜产业高质量发展十条措施》，这是全国首套针对预制菜产业发展出台的利好政策，全面开启广东预制菜产业发展新局面。中山市信科食品有限公司打造‘养殖—选品—屠宰—加工—线上线下销售”生产加工全产业链条，建设石岐鸽预制菜加工车间，采用生腌浸泡的创新加工和速冻锁鲜技术，最大限度地还原石岐乳鸽风味。与新零售的代表、国内知名生鲜连锁店盒马合作带来了改变，中山市信科食品有限公司将传统的制作工艺进行了标准化的规范，采用郑耀荣的配方，推出“红烧乳鸽”“盐焗乳鸽”“豉油皇乳鸽”“香辣乳鸽”四种产品，受到市场欢迎。

1 | 3
2 | 4

1. 中山市石岐鸽精品产业园
2. 石岐乳鸽预制菜产品
3. 石岐乳鸽预制菜产品。中山市信科食品有限公司供图
4. 石岐乳鸽预制菜产品。广东省中山食品进出口有限公司供图

预制菜的背后，是中山粤菜产业链的升级迭代。中山餐饮行业正联合相关力量研究制定石岐鸽预制菜产品标准，为石岐鸽预制菜产业标准化提供更加清晰的指引。石岐鸽预制菜的推出，加大了石岐鸽的需求量和养殖、出货量，不仅实现了经济效益的增长，同时让石岐鸽“飞得更高更远”。随着越来越多行业力量入局，共唱一“鸽”，石岐鸽产业链不断拓展，集群效应逐渐显现。

叁

至味在中山

ZHIWEI ZAI ZHONGSHAN

创新，是根植在中山粤菜骨子里的核心要素。以中山温泉宾馆为起点，中山粤菜融汇中西，发展出与传统粤菜不一样的“新派粤菜”。2011年，中山市被中国烹饪协会授予首个“中国粤菜名城”称号，也是至今唯一一个获得此称号的城市。中山粤菜大师辈出，涌现出鲍鱼大王杨贯一、香港鱼翅大王袁兆英、澳门点心状元陈炽等多位名厨大师。

近十年是中山餐饮企业快速发展的十年，也是中山粤菜加快创新的十年。“粤菜师傅”工程实施背景下，中山粤菜迎来新一轮发展浪潮。中山粤菜师傅得到了更多的荣誉和认同，如今，中山拥有省级“粤菜师傅”大师工作室4家（郑耀荣、麦广帆、李晓荣、林开胜），五星“粤菜师傅”名厨6人（郑耀荣、林开胜、黄子航、欧建新、黄镇威、黄锡强），四星“粤菜师傅”名厨9人，所有星级“粤菜师傅”共154人。

“中山厨师，没有做不好石岐乳鸽的。”作为中山的美食名片，中山的名厨们大展身手，把石岐乳鸽这道美味佳肴的创新提升到了新的高度。

郑耀荣：生炸石岐乳鸽

在中山美食餐饮界，郑耀荣可谓是领军人物。三十几年前，厨房的兄弟们觉得他有干劲儿、有魄力，都叫他“猛哥”，叫着叫着，郑猛就成了他的另一个名字。他有不少闪亮的头衔：中国注册烹饪大师、烹饪专业正高级工程师、五星“粤菜师傅”名厨、广东省粤菜师傅大师工作室主持人、中山石岐乳鸽制作技艺非遗传承人……

说到跟石岐乳鸽的缘分，郑耀荣的故事更是说来话长。他的师父便是第一届“广东十大名厨”、曾任富华酒店出品总监的黄锐坤，也是中山传统名菜“红烧石岐乳鸽”的第三代传人。

“在做徒弟的时候，我就经常‘挑战’师父，红烧石岐乳鸽使用传统的浸卤水方式制作，卤水中加入了很多药材，味道较重。先水卤再炸，乳鸽也不够酥脆。”郑耀荣说。1991年，郑耀荣灵光一闪，决定运用“港式脆皮鸡”的手法来制作乳鸽：选取三两半到四两重的乳鸽，将做卤水的药材打成粉末加盐炒制后，均匀涂抹于乳鸽的内笼；脆皮水风干后，将乳鸽放入西式炸炉中生炸。如今经典的“生炸石岐乳鸽”，就是这么诞生的。

开创“生炸石岐乳鸽”，成为郑耀荣的人生转折点。自此他声名鹊起，也被聘为当时中山著名的怡景酒店总厨。同年，郑耀荣凭借这道菜

郑耀荣

中山市三溪酒楼

中山市三溪路18号
2层

品，获得了人生第一个国际大奖——“亚洲美食金奖”。

如今，郑耀荣作为中山石岐乳鸽菜式烹饪技艺非遗传承人和广东省粤菜师傅大师工作室主持人，开发了一系列的“乳鸽宴”，承担起传播、发扬中山菜和粤菜的使命。

生炸石岐乳鸽打破先卤后炸的传统做法，将乳鸽生时腌制、风干，直接热油炸熟

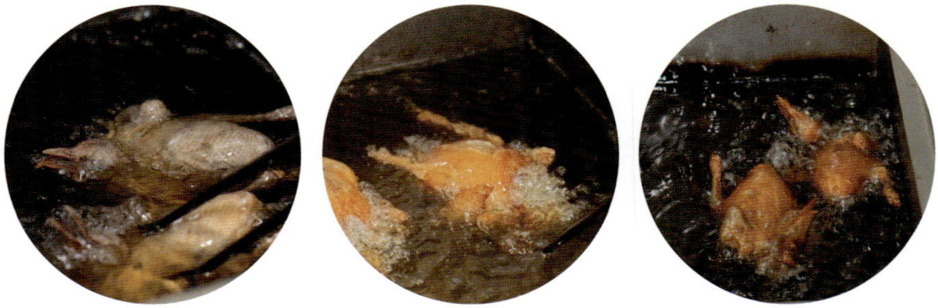

将传统的卤水做法改为生腌后油炸，使得乳鸽肉质更加嫩滑、汁水更加充盈、表皮更加酥脆

名厨食谱

主料：石岐乳鸽（12—15天）

自制脆皮水：水500克，白醋50克，大红浙醋45克，麦芽糖20克，花雕酒10克

乳鸽盐：盐5克，砂糖2克，五香粉3克

制作过程：

1. 把乳鸽翅膀、爪子剪去，内脏去除，清洗干净
2. 腌制乳鸽，涂抹乳鸽盐，用手指按摩均匀，腌制2小时
3. 乳鸽焯水，用开水冲掉腌制的盐
4. 淋上脆皮水，涂抹均匀
5. 用钩针穿起，风干乳鸽2小时
6. 把乳鸽放到低温油中浸炸约5分钟，炸至表皮变黄，再将鸽子捞起透气，高温油中再炸约1分钟至金黄，即可出锅

麦广帆：王子鲍鱼鸽片烩饭

在中山说到麦广帆，可以说是高端粤菜的代名词。业界赠予其“粤菜南天王”“鲍鱼王子”的名号，麦广帆的名声如雷贯耳，他当过厨房学徒、承包过酒楼、做过大酒店的餐饮总监，建立国内最早的一批餐饮管理公司，创立做强“海港城”和“王子饭店”两大品牌，鼎盛时期拥有180多家规模高端餐厅。

麦广帆

中山市海港城
海鲜大酒楼

中山市东区街道
中山五路65号

1996年，麦广帆拜师香港名厨杨贯一，学习煲干鲍的制作秘技。干鲍价格超过千元一只，远超一般人的消费水准，麦广帆就想办法用煲干鲍的方法来煲鲜鲍，同样达到了理想的效果，广受客人好评，因此得了“鲍鱼王子”的美誉。

在厨房做学徒的10年期间，麦广帆意识到，想要走得更长远，自己必须要全面学习和掌握餐饮管理技能。“鲍鱼王子”的成功和杨贯一大师对传媒的重视让他意识到个人形象和品牌推广的重要性。如今他的个人账号在各大短视频平台上粉丝众多，广受欢迎，已经成为中山美食的一张名片。

王子鲍鱼鸽片烩饭是麦广帆最喜欢的乳鸽菜式，这道菜当年是澳门下午茶的热销菜式，简单好吃，鲜香味美。改革开放后内地厨师将其引进，如今也是海港大酒楼里卖得最好的乳鸽主食。

麦广帆如今的目标已经不在于多开多少家分店，他更希望能将自己的烹饪技艺和管理经验传授给更多有志之士，他说：“希望让大家最终成为站在行业前沿的粤菜人才和管理者，提升中山饮食文化的影响力。”

**烩饭内有不少乳鸽肉片，
加上满满的鲍鱼片配浓汁，
每一口都十分足料，
回味无穷**

鲍鱼鸽片饭历史悠久，是澳门经典菜式，改革开放后引入内地，广受欢迎

名厨食谱

主料：石岐乳鸽一只（7两），8头大连鲜鲍鱼2只

副料：白米饭400克，鸡蛋3只，火腿粒3克，洋葱件50克，冬菇片30克，青豆仁20克，姜汁50克

制作过程：

1. 将乳鸽起肉切片，腌味
2. 将鲜鲍切片待用
3. 用鸡蛋炒饭底调味放入砂锅中
4. 将腌味鸽片煎香，下料头，放清水调好味焖3分钟，放入鲜鲍片打生粉勾芡
5. 把焖烩好的鲍鱼鸽片浇在饭面上，烧热砂锅即可

林开胜：荷叶蒸乳鸽

2021年，中山共有两人获评广东省首批五星“粤菜师傅”名厨，其中一位是郑耀荣，另一位便是林开胜。1979年，年仅14岁的林开胜成为一名点心学徒，开启了他四十多年的从厨生涯。后来他辗转香港、北京、成都、广州等多地工作，一边学习吸收当地的饮食文化，一边极力推广中山粤菜文化。如今他已是中国注册烹饪大师、烹饪专业正高级工

林开胜

程师、广东省粤菜师傅大师工作室主持人，一直致力于传播粤菜和中山饮食文化。

1991年林开胜去到香港，寻求改变，从点心转入厨房，“圆了自己的厨房梦”。香港人的敬业和认真给林开胜留下了深刻印象，跟着香港师傅学厨也让他深刻领悟到要用心对待食材、用心做好每一道菜。

中山是“新派粤菜”的发源地，这正是得益于改革开放后港澳的厨师来到中山带来了新的烹饪文化与本地文化的融合，林开胜到香港去学习，开拓了眼界，将新的烹饪技法带回中山，结合中山当地的特色食材，研发和创新了更多菜式。林开胜退休后，两个儿子都子承父业，进入了厨师这一行，两代同行，为中山粤菜传承做出贡献。

林开胜介绍，荷叶蒸乳鸽其实是比较传统的做法，广东气候炎热，乳鸽较为常见的做法比如红烧、生炸，多少有些热气（粤语：容易引起上火），用蒸这一做法就可避免，从而也能保留乳鸽的嫩滑和汁水，还带有荷叶的清香味，是广东家庭很常见的做法。

这道菜配料、调料众多，蒸出来的乳鸽肉非常入味

荷叶使乳鸽肉质散发出自然的清香，在滋补的同时亦有生津开胃的功效

名厨食谱

主料：石岐乳鸽1只（1斤）

配料：姜角5克，葱度5克，红枣丝5克，冬菇15克，枸杞6克，葱花5克，荷叶1片

调料：盐5克，糖3克，鸡粉6克，蚝油5克，生抽3克，老抽2克，花雕酒5克，生粉10克，麻油3克，生油10克

制作过程：

1. 将荷叶剪成圆型放入蒸笼内摆好备用
2. 将鸽洗净斩件，吸去水分，放入盘内，加入盐、糖、鸡粉、蚝油、生抽、老抽、花雕酒、生粉，搅拌均匀后再加入姜角、葱度、冬菇、红枣丝、枸杞、生油、麻油，再次搅拌均匀
3. 将调好味的鸽肉放入蒸笼内摆整齐，入蒸锅蒸6—8分钟，出炉撒上葱花即可

李晓荣：神湾菠萝炒石岐鸽

在中山餐饮行业，李晓荣可谓是桃李满园。作为中山市现代职业技术学校烹饪专业的带头人，他在粤菜烹饪理论与广府粤菜烹饪技艺研究、粤菜烹饪技术教育、行业培训等方面做出重大贡献，通过在学校烹饪专业开展“现代学徒制”人才培养模式，深入开展“校企合作、产教融合”，对粤菜烹饪技艺的传承与推广、促进餐饮行业健康发展、弘扬

李晓荣

中华饮食文化起到了推动作用。

已是中国注册烹饪大师、广东省粤菜师傅大师工作室主持人、中华金厨奖获得者的李晓荣，其实并不是中山人，甚至在最初来到中山时，都不是烹饪老师。1995年，李晓荣从家乡陕西来到中山市现代职业技术学校做体育老师，2005年，因学校专业调整和建设的需要，毫无专业烹饪基础的李晓荣从体育老师转型为烹饪老师，学习粤菜制作。

经过十多年的努力，该校的烹饪专业现已到达专业教师30名、学生600多名的规模，可以说是中山粤菜的“黄埔军校”。和烹饪专业共同成长的李晓荣，在不断提升自己的同时，也一直探索专业教学的模式：“引进来”中山名厨，让他们教学生技术；让学生“走出去”到餐饮企业实践学习，从而实现“校企合作、产教融合”的健康成长。

神湾菠萝炒石岐鸽这道菜选用中山两大代表性食材石岐乳鸽和神湾菠萝，烹调出最具中山特色的味道。

用菠萝和乳鸽炒出酸甜可口、味道浓郁的口感，是广东特色做法

神湾菠萝香甜多汁、
爽脆无渣，
石岐乳鸽肉质嫩滑、
味道鲜美，
搭配起来口感绝佳

名厨食谱

主料：石岐乳鸽2只（每只6两），神湾菠萝1个（约500克）

副料：生姜15克，蒜10克，红黄绿彩椒各50克，葱10克

调料：精盐10克，砂糖5克，味精3克，蚝油5克，生抽5克，曲酒10克，生粉15克

制作过程：

1. 热锅冷油搪锅，加油2升后加热至160℃左右
2. 下腌制好的鸽件拉油至八成熟捞出控油备用
3. 洗净炒锅加水，放盐、糖、味精少许，水滚后放菠萝，飞水后“过冷河”备用
4. 烧锅放油少许，放姜蒜爆香，倒入鸽件、彩椒件，猛火翻炒片刻
5. 加菠萝，调入适量盐、糖、味精、蚝油，少许生抽，攒曲酒少许，猛火翻炒，勾芡，放葱度，包尾油翻炒后装盘即可

黄子航：石岐鸽吞翅

1986年，中山国际酒店开业，以75.5米的高度成为当时的中山第一高楼。从厨生涯贯穿了中山国际酒店发展史的黄子航，1986年加入中山国际酒店，如今已是中山国际酒店中餐行政总厨，他见证了改革开放以来中山粤菜文化的变迁，并于2022年获评广东省第二批五星“粤菜师傅”名厨、于2023年获评烹饪专业高级工程师职称。

黄子航

中山国际酒店

中山市西区
中山一路142号

黄子航是中山国际酒店最早一批中山本土厨师，当时国际酒店从港澳聘请名厨团队掌管餐饮，他们带来了严格的标准管理体系。而国际酒店由于要接待外宾，年纪轻轻的黄子航见识到了众多新奇的食材、西式的烹饪方式与粤菜的融合，见证了新派粤菜的发展与辉煌。

从业38年以来，黄子航一直寻求在传统中创新。鸽吞翅是粤菜的名菜，黄子航精心挑选石岐乳鸽，在不弄破鸽皮的情况下去骨取肉，再填入上汤煨透后的鱼翅，用湿粉打薄芡，放翅和火腿。用鸽颈将口扎实。整只鸽子外表完好无损。再淋上用老鸡、火腿、赤肉慢慢炖出来的上汤，上蒸柜蒸2.5小时，炖后泛着淡淡的金光，融合了鸡肉的鲜香、鸽肉的清香、火腿的咸香，润而鲜。吃的时候把鸽子捞出来，鸽子肚子鼓鼓，从腹部中间切开，露出一缕缕的鱼翅，晶莹剔透，味道鲜美。这道菜正是新派粤菜的一个代表。

整只乳鸽去骨，酿入鱼翅之后用高汤炖，用料考究，做工复杂

**这道菜别名“仙鹤神针”，
据传于20世纪60年代出现在粤港地区，
是高端古法粤菜**

名厨食譜

主料：石岐乳鸽1只（6两），鱼翅2两

副料：老鸡5两，赤肉5两，金华火腿2两，精盐约10克，砂糖5克

制作过程：

1. 将乳鸽折去内骨，内外洗净，吸去水分
2. 将用上汤煨好的鱼翅酿入鸽身内，鸽身用开水冲洗干净
3. 将冲洗干净的乳鸽放入炖盅中，加上上汤、赤肉、火腿，盖好盖子蒸约2小时30分钟即可

欧健新：高汤鸽吞燕

2021年，欧健新在广东省第二届职业技能大赛烹饪行业中式烹调师竞赛项目上获得第一名，并被授予广东省五一劳动奖章；2022年，欧健新获评广东省第二批五星“粤菜师傅”名厨；2023年，欧健新获得烹饪专业高级工程师职称。师从“鲍鱼王子”麦广帆的他入行36年，一直致力于中山粤菜的传承与创新，不断研发新菜式，受到业界和食客的高度

欧健新

中山市海港城海鲜大酒楼

中山市东区街道
中山五路65号

认可和好评。

在欧健新看来，中山粤菜的本质便是通过各种烹饪技巧来呈现食材的本真味道，甚至要将食材的鲜味进一步提升。石岐乳鸽作为中山的代表性美食，本身便是非常优质的食材，没有臊味，入口爽滑，粤菜的24种烹饪手法都可以运用在其身上，只要能充分发挥出石岐乳鸽的本味，便是成功的菜肴。入行以来，欧健新刻苦钻研、努力提升，在各种大赛上获奖无数，其中高汤鸽吞燕便是他的代表作之一。

欧健新介绍，燕窝通常是甜食，但其实咸食燕窝对人体更健康、更有利于吸收。将原料燕窝酿入去骨全鸽中，再加入用金华火腿、老鸡等滋补食材炖制六小时的顶级高汤。汤色靓而鲜，鸽身鲜香，燕窝爽滑，充分保留并提升燕窝的营养成分，同时将传统烹调火候、粤菜精华炖汤功夫等烹饪工艺发挥得淋漓尽致。2019年中山十大名菜评选，欧健新凭借这道菜获得了第一名。

欧健新始终坚守一个原则：传承不守旧，创新不忘本。只有这样，中山粤菜才能生发出源源不断的生命力。

鸽吞燕工艺复杂、火候考究、用料挑剔、耗时耗力，是一道功夫国宴菜

这道菜被誉为“天下第一汤”。
鸽肉渗出的精华与嗦尽上汤的燕窝爆发出无比的鲜美，
汤清肉嫩燕窝鲜，
回味甘甜醇郁

名厨食譜

主料：石岐乳鸽一只（6两），湿燕窝70克

副料：鸡3斤，瘦肉2斤，金华火腿1斤

制作过程：

1. 将乳鸽起全鸽，洗干净

2. 将燕窝浸发好酿入全鸽内，将鸽颈皮打结，放入沸水里滚过后捞起，在鸽身打针，使乳鸽皮不易爆开

3. 将酿好的乳鸽放入汤中，加入姜片、葱、花雕酒一起煨好备用

4. 将煨好的乳鸽放入老鸡、瘦肉、金华火腿一起炖好的高汤底炖约2小时即可

黄镇威：花雕蒸石岐鸽

2023年，黄镇威获评广东省第三批五星“粤菜师傅”名厨；同年，获烹饪专业高级工程师职称。回过头来看，1981年他的入行似乎是个意外。黄镇威毕业后并没想着要做厨师，他入职了中山中旅社，是当时全市唯一一家旅游接待机构，而中旅社却安排他去做点心师，尽管毫无经验，但黄镇威秉承着“做一行、爱一行”的敬业原则，毫不犹豫地开启

黄镇威

中山市来龙点心美食餐厅

中山市石岐区兴中道6号假日广场一栋201

了他43年的从厨生涯。

做了将近20年的点心，2000年黄镇威改做厨房，进入后厨，辗转于广州、上海、深圳等地吸收不同地方的饮食文化，不断精进粤菜制作技艺，提升对粤菜的理解。在黄镇威看来，一方水土养一方人，中山美食独特之处在于当地丰富多样的食材以及吸收外来文化的融合创新。

改革开放之后，粤菜当中一些失传的技艺经由港澳传回来，中山处于改革开放的前沿，是最早接收到外来文化的地方之一，而中山人思想开放，善于学习、思考与创造，将外来的理念与本地的食材相结合，不断创新，使得中山菜不断进步发展。

黄镇威认为，石岐乳鸽没有臊味，鸽肉的纤维比鸡肉嫩滑，又比鸡肉更鲜甜，食材本身足够优质，怎么做都好吃，而蒸、浸、炸等做法能够最大化地呈现食材的本来味道。花雕蒸石岐鸽这道菜，用花雕酒去蒸乳鸽，能够最大化地保持肉质的本味，花雕挥发后，陈皮能带出乳鸽的甘甜，花雕又增添了甘香，乳鸽鲜嫩多汁，更突出其本味。

喝花雕的乳鸽，还没吃就醉了

花雕香且浓郁，
乳鸽肉质细腻嫩滑，
酒香入味，
光是闻到都仿佛有了醉意，
每一口都是享受

花雕
蒸石岐鸽

名厨食谱

主料：石岐乳鸽2只（每只8两）

副料：精盐约15克，砂糖5克，陈皮约5克，花雕酒20克，生油10克

制作过程：

1. 将乳鸽内外洗净吸去水分
2. 用盐、糖、花雕酒涂抹鸽身内外，陈皮泡软切丝放入鸽身内
3. 将调好味的乳鸽放入器皿中淋上生油，盖好盖子蒸约25分钟至熟便可食用

黄锡强：木姜子焗石岐鸽

2023年，黄锡强获评广东省第三批五星“粤菜师傅”名厨，中山现有六位“五星名厨”，他是最年轻的一位。能在同代人中率先脱颖而出，离不开高起点和后天的勤奋努力。他的叔叔是“广东十大名厨”黄锐坤，自小他便跟着叔叔进入富华酒店后厨帮忙并学习，毕业后进入厨师这一行也顺理成章了。

黄锡强

自小跟在叔叔身边学习，黄锡强对食材的挑选很有心得，分辨不同食材的特质、用心对待食材是做好美食的第一步。黄锡强作为年轻一辈，对潮流的发展更为敏锐，博采众长，把很多新式的食材和烹饪手法用于与中山特色食材的创新融合，发展出中山美食新的面貌。

在黄锡强看来，食客的口味越来越多样化，石岐乳鸽可以尝试跟外地食材结合。黄锡强想到用木姜子跟石岐乳鸽搭配融合，木姜子在贵州、云南、广西、湖南等地常用来入菜，增香提鲜。

用木姜子的灵感来源于香茅乳鸽，木姜子和香茅气味接近，而且其味道更有记忆点，乳鸽吸收了木姜子的鲜味、香味、微微的辛辣味，再加入香茅和木姜子油去焗，通过砂锅的热力，逼出香茅、木姜子、乳鸽的味道，未食先闻其香，更加刺激食客的食欲，这样的创新做法不上火，开胃又解腻，受到本地食客和外地食客的一致好评。

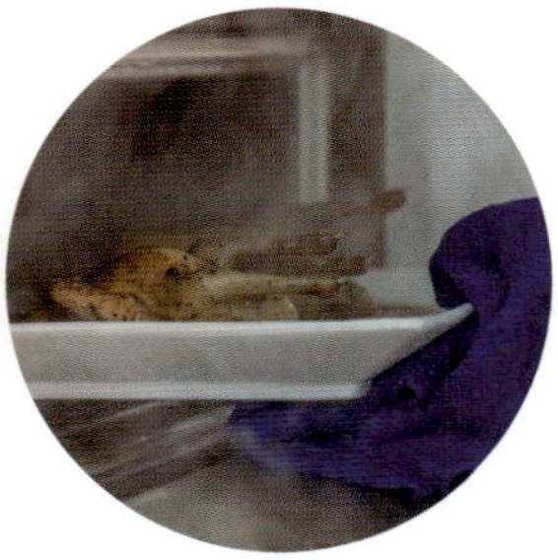

木姜子是西南地区常见的调料，有柠檬醛的香味，但不带辣或麻

通过砂锅的热力，
逼出香茅、
木姜子、
乳鸽的味道，
未食先闻其香，
开胃又解腻

木姜子焗石岐鸽

名厨食譜

主料：石岐乳鸽（6—7两），木姜子酱

副料：香茅段，淮盐30克

制作过程：

1. 乳鸽洗净吸干水分，乳鸽体内放入约15克淮盐和木姜子酱并抹均匀
2. 乳鸽表皮抹上约15克淮盐和木姜子酱并抹均匀
3. 少许老抽抹均匀乳鸽表皮进行上色，腌制3小时左右
4. 上蒸锅前乳鸽胸位朝上，淋上适量白兰地酒，蒸25分钟
5. 蒸熟后，把汁水倒出，调味勾芡
6. 将香茅切丝，铺在砂锅上，乳鸽斩件一开四，放在香茅上
7. 将砂锅加热，爆香香茅后，再把芡汁淋上鸽身焗香，即可食用

肆

香山有「鸽肴」

XIANGSHAN YOU GEYAO

在中山，素有“一鸽胜九鸡”“无鸽不成席”等说法，石岐乳鸽作为中山的美食名片，如今已开发出上百种创新做法，成为百变的优质食材。正如名厨们所说，只要是新鲜的石岐乳鸽，怎么做都好吃。而对于喜欢创新、追求至味的中山厨师们，石岐乳鸽依然存在着无穷可能性。

为了提升中山市“中国粤菜名城”影响力，推动“粤菜师傅”工程高质量发展，弘扬石岐鸽特色饮食文化，展示粤菜师傅精湛技艺，带动特色食材、菜品和行业发展提升，中山市在2022年、2023年分别举办了两届“鸽肴”大赛，在2023年举办了粤港澳大湾区粤菜师傅技能交流赛和第一届“粤菜师傅”创新创业大赛，进一步提升中山粤菜的影响力。

2
1 3

1．“粤菜师傅·幸福菜谱”——石岐乳鸽菜谱发布会

2．中山市第一届“粤菜师傅”创新创业大赛大合照

3．第一届“鸽肴”大赛比赛现场

岐鸽飘香　幸福菜谱

2022年7月26日，由广东省人力资源和社会保障厅指导，中山市人力资源和社会保障局、石岐街道办事处举行“粤菜师傅·幸福菜谱”——石岐乳鸽菜谱发布会，发布8道石岐乳鸽特色菜式：生炸石岐乳鸽、陈皮卤香鸽、沙姜焗乳鸽、冬菇煲中鸽、盐焗乳鸽、土茯苓绿豆陈皮老鸽汤、乳鸽煲仔饭、莲子百合鸽蛋糖水。中山市第一届“鸽肴”大赛也于当天开赛，八十多位粤菜师傅同台竞技、花式烹鸽。

“粤菜师傅·幸福菜谱”以广东各地特色食材为线索，以“粤菜师傅+特色食材+品牌菜式”为内容，将“粤菜师傅”与菜式创新、产业发展结合起来，充分展示岭南饮食文化和粤菜地方特色，带动食材、菜品和产品的销售，助力乡村振兴。作为中山最具代表性的美食，石岐乳鸽飞入“幸福菜谱”，进一步擦亮了这张美食名片，让更多人品味到石岐乳鸽的美味。

大赛要求参赛选手在120分钟以内烹制两道以石岐乳鸽为原材料的“鸽肴”。现场，八十多位粤菜师傅拿出看家本领，全情投入，创意十足地烹饪出一道道极具特色的“鸽肴”，充分展示了中山厨师高超的烹饪技艺以及粤菜制作精细、刀工精巧、造型优美的特点，展现了“传承不守旧，创新不忘本”的理念。

1 | 2
3
4

1. 第一届“鸽肴”大赛比赛现场
2. 第一届“鸽肴”大赛菜品
3. 第一届“鸽肴”大赛比赛现场
4. 中山市第一届“鸽肴”大赛大合照

粤菜师傅

生炸石岐乳鸽

幸福
菜谱

生炸石岐乳鸽

10—14天的妙龄石岐乳鸽，用特制的调料腌制入味，在风干箱中锁住乳鸽的鲜嫩，放入油锅炸制乳鸽表面金黄，肉质鲜美，表皮酥脆，骨都有味

粤菜师傅

陈皮卤香鸽

幸福菜谱

陈皮卤香鸽

陈皮可中和卤水浸煮后浓郁的乳鸽肉香味，让味道变柔和，同时，陈皮的果香味还能为乳鸽去腥增鲜，是绝佳的配料

沙姜焗乳鸽

幸福
菜谱

沙姜焗乳鸽

微微焦黄的外皮下藏着鲜美嫩滑的乳鸽肉，其精妙之处在于既保留了乳鸽肉的原汁原味，又带着一点沙姜的辛香味，让人欲罢不能。天冷时吃点沙姜，还能暖胃增食欲

粤菜师傅

冬菇煲中鸽

幸福
菜谱

冬菇煲中鸽

冬菇和鸽肉是两种很相配的食材，可以很好地相互渗入、相互融合，让整道菜的香味发挥到极致，美味养生两不误

粤菜师傅

盐焗乳鸽

幸福菜谱

盐焗乳鸽

盐焗是客家菜的做法，能够把肉的鲜味提升到另一个层次。炒热粗盐，遵照传统做法，用油纸包好乳鸽，入锅焗制，咸香多汁、让人回味无穷

粤菜师傅

土茯苓绿豆陈皮老鸽汤

幸福菜谱

土茯苓绿豆陈皮老鸽汤

绿豆性凉且味甘，鸽子性平且味甘咸，搭配土茯苓和陈皮等食材，有清热解暑、凉血排毒的显著功效，在炎热潮湿的广东地区，是极好的食补菜肴

粤菜师傅

乳鸽煲仔饭

幸福菜谱

乳鸽煲仔饭

选用肉质鲜美的石岐乳鸽，搭配香糯米饭和特制调料，借助煲仔将乳鸽的鲜味和米饭的香甜深度融合，增强口感和风味。打开煲盖，香气扑鼻而来

粤菜师傅

莲子百合鸽蛋糖水

幸福菜谱

莲子百合鸽蛋糖水

莲子加百合具有养心润肺、清心安神的功效，鸽蛋营养丰富，具有补肝肾、益精气、丰肌肤的功效，是一道非常适合女性的美颜养生甜品

香山至味　岐鸽争名

2023年7月30日上午，中山市第二届“鸽肴”大赛在中山博览中心开幕。在2022年第一届“鸽肴”大赛的基础上，第二届“鸽肴”大赛全面升级，近百名厨师同台比拼烹鸽绝技、百名品鉴官集结组成“吃鸽天团”，更全新推出“粤菜师傅+香山夜韵”石岐鸽主题美食集市，推广中山最具代表性的美食名片——石岐乳鸽，擦亮服务八方、享誉海内外的“中国粤菜名城”金字招牌。

1 2

1. 第二届“鸽肴”大赛菜品
2. 第二届“鸽肴”大赛“岐遇大咖”品鉴直播间

这是一次行业的盛会，20家知名乳鸽餐饮企业现场烹调鸽肴、直播推介，被业界称为“南厨宗师”的中山籍粤菜大师梁炗，中国烹饪大师、广东省五星“粤菜师傅”名厨李睦明坐阵活动直播间，从事传统粤点行业50多年的粤菜大师阎广华，中国注册烹饪大师、广东省五星“粤菜师傅”名厨郑耀荣、林开胜等粤菜师傅到场担任评委。

这也是一次全民参与的美食盛宴，百名来自各行各业的品鉴官到场品鸽，“粤菜师傅+香山夜韵”石岐鸽主题美食集市开集，用一道道美

味的小吃引来食客们的关注，活动期间集市吸引了超10万的人流。

“鸽肴”大赛连续两年举办，成为中山规模最大的石岐鸽粤菜师傅赛事。百米长的岐鸽盛宴如流水般铺开，各色造型精致的乳鸽菜肴香气飘散，吸引了众多市民驻足观赏。竞赛场上，近百名烹饪者同台“论鸽”，以石岐乳鸽为题，推出300多道“鸽肴”，一比高下。

年过七旬的中山籍粤菜大师梁炅，受邀回乡参与这场石岐鸽主题的烹饪盛事，担任品鉴直播间的嘉宾。在他看来，石岐乳鸽是中山粤菜的“魂”，代表了中山粤菜的辉煌，是中山的城市名片，更是中山城市精神的代表。

中山市人力资源和社会保障局相关负责人表示，在往届赛事的基础上，中山持续创新消费场景，打造石岐鸽主题美食集市，着力打造“内场技艺比拼+外场集市消费”的内外联动模式，旨在充分带旺城市夜经济热度，造就名动湾区的美食盛会，以点带面辐射带动中山粤菜餐饮行业整体发展。

1 | 2
3

1、2. 第二届“鸽肴”大赛比赛现场
3. 第二届“鸽肴”大赛菜品

1 3
2 4

1. 第二届“鸽肴”大赛菜品——养生参汤鸽子饺
2. 第二届“鸽肴”大赛菜品——豉油皇乳鸽
3. 第二届“鸽肴”大赛菜品——八哥特色鸽
4. 第二届“鸽肴”大赛菜品——五指毛桃鸽皇饺

石岐乳鸽
粤菜名城
中山影视城
中山杏仁饼
潮苑轩大酒楼
中山幻彩摩天轮
小榄菊花展
风港海鲜酒楼
海鲜餐厅
沙溪云吞
第二届鸽宴大赛

1 | 3
2 | 4

1. 第二届“鸽肴”大赛菜品
2. 石岐鸽主题美食集市
3、4. “鸽肴”菜品——南乳吊烧鸽

1 | 2
3

1．“鸽肴”菜品——蟹皇竹笙鸽蛋
2、3．“鸽肴”菜品——盐焗鸽肾

1 | 3
2

1、2. “鸽肴”菜品——子姜珍珠马蹄鸽丁
3. “鸽肴”菜品——子姜菠萝鸽片

1 | 3
2 | 4

1. 八宝霸皇鸽
2. 百花乳鸽
3. 鲍鱼乳鸽
4. 八珍扒石岐鸽

湾区月圆　岐遇香山

2023年10月5日下午，“湾区月圆·岐遇香山”粤港澳大湾区粤菜师傅技能交流赛在中山举行。

烹、炒、煎、炸……实操竞赛比赛现场，超百位粤菜厨师轮番展开较量。只见大家使出十八般武艺，各项烹饪技法一一登场、百花齐放。随着第一批参赛选手赛程过半，各个灶台上的热气不断升腾，佳肴的香气弥漫开来，令人垂涎欲滴。各种风味独特、款式新颖的菜品应接不暇，每一道菜品都兼备滋味与卖相。

大赛以“家国团圆”为主题，每位厨师以石岐乳鸽、脆肉鲩等中山特色食材为主食材，烹调“中秋意味”宴席菜、创意融合菜等，奉上超三百道中山特色食材精品菜肴。

值得一提的是，“湾区月圆·岐遇香山”粤港澳大湾区粤菜师傅技

2
1 3

1、2、3. “湾区月圆·岐遇香山”
粤港澳大湾区粤菜师傅技能交流赛现场

"粤菜师傅"技能交流赛
"岐遇香山"
"粤菜师傅"技能交

能交流赛是近两年来，除广东省人社厅主办的粤港澳大湾区“粤菜师傅”职业技能大赛外，首次由地级市发起的技师级别的粤菜烹调专业赛事，选手来自广东省内和港澳等城市。

以赛促培，是中山市推进“粤菜师傅”工程和石岐鸽产业发展的重要举措。近两年来，中山累计举办“粤菜师傅”主题大型活动近20场，“粤菜师傅”中山美食文化周暨粤菜烹饪全国邀请赛活动、中山“中国粤菜名城”十周年系列活动、中山市第一届和第二届“鸽肴”大赛、中山市第一届“粤菜师傅”创新创业大赛等赛事活动连番登场。通过赛事，中山还评选出“中山粤菜十大名厨”、“新晋十大粤菜名厨”、星级“粤菜师傅”等技能群体，推动一批从业者通过国家职业资格认证、获得技能等级证书和职称证书等，“粤菜师傅”技能队伍不断扩大。

1 | 2

1. “湾区月圆·岐遇香山”粤港澳大湾区粤菜师傅技能交流赛菜品

2. 粤港澳大湾区“粤菜师傅”技能交流赛大合照

伍

XIANG
WANQU
TUQIANG
向湾区图强

2024年6月30日，深中通道正式通车，珠江口东岸的浪潮奔涌，拍打向中山。东西连接，空间无限。中山抢抓深中通道通车新机遇：中山文旅迎来“泼天流量”，“乳鸽指数”成为深中通道车流量的“晴雨表”，中山成为热门出行目的地之一，深中通道通车后一个月内中山接待游客超过367万人次；粤港澳大湾区迎来“深中潮汐”，中山正式开启“湾区半小时生活圈”，深中两地时空距离缩短，众多深圳企业来到中山投资。中山打开“东大门”，拥抱全新机遇，跑出珠江口东西两岸融合发展加速度，为珠三角深度一体化先行先试。

2024年，广东实施“百县千镇万村高质量发展工程”（以下简称“百千万工程”）的第二年，也是实现三年初见成效目标的关键之年。中山正以头号工程的力度，蹄疾步稳深入实施“百千万工程”，开创中山高质量发展新格局，走出具有中山特色的城乡融合发展路径。

向湾图强、向高而攀。中山面向高质量发展、现代化建设目标，正在以奔跑姿态拥抱融合发展新格局。石岐乳鸽也乘着中山发展的新浪潮，走出中山，展望未来。

匠心之味　走出中山

中山是“中国粤菜名城”，拥有绚丽多彩的饮食文化，美食不但聚人气、促消费，也关系着民生。中山全力加快推进美食产业化发展，突出中山美食特色，擦亮“中国粤菜名城”招牌，把美食产业做大做强。美食品牌代表一座城市的文化，彰显城市软实力，也是城市拼经济的新增长点。抢抓广东省委“百千万工程”实施的战略机遇，中山将持续发力做好美食文章，将宜居、宜业、宜游的招牌擦得更亮。石岐乳鸽作为中山的美食名片，也飞向了大湾区更广阔的天空。

据统计，广东省肉鸽饲养规模占全国60%以上，种鸽存栏量约2000万对，饲养与出栏量排名世界第一。广东肉鸽中又以石岐鸽最为出名，石岐乳鸽更是中山众多食肆的招牌菜，据了解，全中山在做石岐乳鸽相关菜肴的食肆有3000家左右，日销石岐乳鸽约3万只，会做这道菜的厨师更达3万人之多。

1860年开业的太平馆是广州第一家中国人开的西餐厅，也是有史料记载以来最早开创出红烧乳鸽做法的餐厅。太平馆的特色是西式中国菜，出品的烧乳鸽、葡国鸡色香味俱佳，吸引众多回头客“食过返寻味”。烧乳鸽本是粤菜馆里常见的菜式，太平馆的烧乳鸽采用自家调制的独特烧汁进行熬煮从而成了店里的“明星菜”，平均每天卖出80只左

太平馆是广州第一家中国人开的西餐厅。
李细华　摄

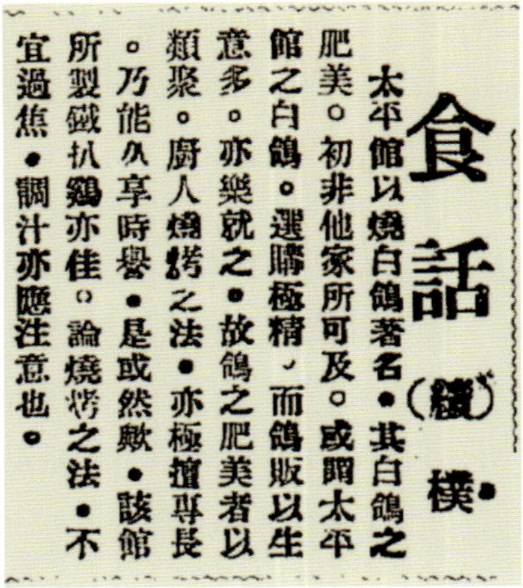

食話（續） 樸

太平館以燒白鴿著名。其白鴿之肥美。初非他家所可及。或謂太平館之白鴿。選購極精，而鴿販以生意多。亦樂就之。故鴿之肥美者以類聚。廚人燒烤之法。亦極擅專長。乃能久享時譽。是或然歟。該館所製鐵扒鷄亦佳。論燒烤之法。不宜過焦。調汁亦應注意也。

粵港
太平館餐室
‖著名‖
燒白鴿
葡國鷄
烟鱠魚
焗蟹蓋

營業時間
十時至午夜二時

德輔道中
（電話）三〇十壹五

1. 1946年香港报纸刊登的太平馆烧白鸽广告
2. 太平馆广告语
3. 如今的香港太平馆

右，多时可以卖150只。太平馆的烧乳鸽，一直以采用自家调制的独特烧汁进行熬煮而出名，调味上色后再油炸出炉，体型肥硕、脂滑丰腴，含汁鲜甜、肉质细致，这便是现今常见的红烧乳鸽做法。中西兼具的开创性做法，太平馆烹制的红烧乳鸽胜过了当时广州所有以烧乳鸽著称的中餐馆。

1927年，在中山大学执教期间，鲁迅在日记里经常提到的西餐厅就有太平馆。1925年，周恩来和邓颖超结婚时，周恩来的入党介绍人张申府曾设宴于太平馆，祝贺他们新婚之喜。1960年前后，已任国家总理的周恩来在广州工作期间曾两次前往太平馆用餐。有人凭回忆记录下当年周邓二人曾经点过的菜，有烧乳鸽和鸡丝炒饭，经过整合再加工，它们便成为现在太平馆餐牌上的“总理套餐”和“总理夫人套餐”，包括鸡箕粟米忌廉汤、金牌红烧乳鸽、鸡丝炒饭，雪糕、咖啡或奶茶等。

石岐乳鸽于中山人而言，已不仅仅是一道美食，更是一种情怀，成为中山的一种文化佳肴。如今，石岐乳鸽已经成为中山美食的代表，不仅当地群众婚嫁寿宴上必有乳鸽，华侨省亲必吃乳鸽，现在连外来游客也说：“住可随便，乳鸽非食不可！”

中山的大厨们不断创新着石岐鸽的烹饪方法。就乳鸽选材而言，历经了从用40天鸽一直到用7天鸽的演变，“乳”的定义，已今非昔比；加热的方法亦历经了从中式大锅油炸、西式焗烤到淋油等方式的演变；通过烹饪手法的创新，先后开发出红烧、脆皮、明烧、油浸、白切、卤水、盐焗、椒盐等一系列经典菜式，中西合璧，各展所长，形成了传统、汤品、主食、点心、创新、中菜西做等多个系列，菜式花色繁多，至于更为微妙的配料泡制、火候，则是各个大厨的独门秘诀，不会随意示人。中山厨师的匠心传承，使得石岐乳鸽不仅遍布中山内外大小食肆，还走出中山，在更广阔的天地间让更多人品尝到这一份美味。

在墨尔本、休斯顿、纽约、旧金山、菲律宾、马来西亚等地，都可以寻见石岐乳鸽这道中山名菜的身影，众多中山籍粤菜厨师将石岐乳鸽带到当地，让美味跨越千山万水，让中山粤菜在海外得到传承和发展，也让海外的华人品尝到家乡的味道、让国外的食客品尝来自中山的美味。

OPEN
FUNG'S KITCHEN

1 | 3
2 | 4 5

1．美国休斯顿凤城海鲜酒家
2．凤城海鲜酒家出品的红烧石岐乳鸽
3．渔哥味稻，澳大利亚墨尔本的广府粤菜餐厅，主打“至正广州味”
4．渔哥味稻出品的红烧乳鸽
5．德国艺术家戈飞品尝石岐乳鸽并点赞

MICHELIN

HL Peninsula Garden
HOT POT
DIM SUM
1600

1 2 | 5 6
3 4 | 7 8

1. 美国加利福尼亚州粤煌海鲜酒家长期出品红烧石岐乳鸽菜式
2. 粤煌海鲜酒家出品的总厨乳鸽
3. 旧金山半岛悦和轩酒家。美国半岛集団旗下餐厅均销售红烧乳鸽菜品
4. 半岛悦和轩酒家出品的红烧乳鸽
5. 菲律宾蔡苑餐厅
6. 蔡苑出品的红烧乳鸽
7. 马来西亚云顶御厨餐厅
8. 马来西亚云顶御厨餐厅出品的爆汁乳鸽皇

谭子滔

谭厨
——中山传家菜

深圳市罗湖区红岭中路荔景大厦首层

在深圳谈起中山菜，许多食客都会第一时间想到“谭厨”，在深圳这座美食如云的移民城市，谭厨让中山菜拥有了一方天地。谭厨创始人谭子滔讲道：“只要是到过中山的人，石岐乳鸽几乎是无人不知无人不晓。刚到深圳时我就在想，中山有这么好的食材，应该让更多人品尝到中山菜的美味。”

谭子滔是土生土长的中山人，15岁入行，在酒楼后厨的学习磨练让他迅速成长。2000年谭子滔来到深圳，看到深圳四处林立的食肆，他琢磨道，“江浙菜、湖南菜都有，为什么不能有中山菜呢？”带着这样一种情怀，谭子滔在2008年创立了谭厨小菜，在这个过程中他慢慢发现，任何一个菜系，只要做透了、做精了，都能在深圳立根，都能在深圳生存。在改革开放的前沿阵地，谭子滔让石岐乳鸽从中山飞向深圳，让石

谭厨立足深圳，专做中山菜

岐乳鸽的美味飘到了珠江对岸。

“茯苓中山乳鸽”是谭厨的招牌菜，以“皮脆、肉嫩、骨酥香”著称，2015年11月，谭子滔受邀登上央视节目《中国味道——寻找传家菜》，一道香味四溢又味透至骨的茯苓中山乳鸽征服了十余位餐饮业知名大咖和美食家，北京的一个大型餐饮店老板更是愿意出60万天价把茯苓中山乳鸽的配方买下，成为轰动一时的新闻。

如今，作为广东省四星“粤菜师傅”名厨、中山“粤菜师傅”工程推广大使的谭子滔经常利用周末时间带领来自深圳的食客来一趟“中山美食行”，深入游访中山和美乡村、探寻粤味名店、品鉴特色名菜。

“中山美食行”是2023年香山美食文化推广活动的系列活动之一，是结合中山“粤菜师傅”工程发展成果开展的一个游乡村、探名店、品

1 | 3
2 |

1．谭厨出品的盐焗乳鸽

2．谭厨出品的生炸乳鸽拼冻鲍

3．谭厨出品的茯苓中山乳鸽

名菜的美食深度游活动，外地食客不仅能品尝中山特色美食，还能走访人文底蕴深厚的雍陌村、观摩中山改革开放的“窗口”中山温泉宾馆、参观享誉全国的白石鸽场等，全方位了解中山。

“舌尖上的中山”魅力独特，2024年6月30日，深中通道正式通车，使深圳和中山之间原本2小时的车程大幅缩短至30分钟左右。来自深圳和大湾区其他城市的游客纷纷前往中山游玩，中山餐饮迎来客流高峰，石岐乳鸽成了大家来到中山的必吃美食，有人调侃：“深圳人已经把中山的鸽子都吃完了！”在人头攒动的中山菜馆里，几乎所有人的目光都汇集于悬挂在半空中的LED屏幕，上面实时播报该店乳鸽存量，被称为“乳鸽指数”。

深中通道连接起中山与深圳，联通了珠江口，打开了湾区融合的新空间，中山将与深圳更加紧密地联系在一起，形成一个更加高效、协调的发展格局。

潮涌珠江　湾区之心

自2024年6月30日通车以来，深中通道日均车流量约10万车次。来自广东省交通集团的监测数据显示，深中通道开通首月车流量超过300万车次，承担了跨珠江口总车流量的约四分之一。深中通道的正式通车，显著提升了跨珠江口通道的通行能力，加快了珠江口两岸人流、物流、资金流、信息流等要素的流动，推动粤港澳大湾区加快融合发展，珠江口东西两岸的融合发展也翻开了新的篇章。

2022年7月，广东省委全面深化改革委员会正式批复中山建设“广

1 | 2

1．深中通道开通后车流不息。鲁力　摄

2．位于兴中广场的幻彩摩天轮是中山地标之一。叶志文　摄

东省珠江口东西两岸融合互动发展改革创新实验区”。作为全省首个以区域协调发展为主题的改革创新实验区，中山肩负起珠江口东西岸融合发展探路的历史重任和时代命题。2024年1月，《中山市建设广东省珠江口东西两岸融合发展改革创新实验区实施方案》（粤改委发〔2024〕1号文）印发，明确将以推进珠江口东西两岸规划、营商环境、产业、交通、创新、公共服务和社会治理等一体化为重点，以体制机制改革为牵引，推动珠江口东西两岸融合发展。

中山深入推动珠江口东西两岸规划、营商环境、产业、交通、创新、公共服务和社会治理“六个一体化”，取得了扎实成效；“百千万工程”开局起步、全面铺开，新型城镇化和乡村全面振兴有机结合，以

“头号工程”力度推动“百千万工程”，奋力跑出镇村高质量发展的加速度。

风起南海，潮涌珠江。迎来湾区融合发展新机遇的中山，作为“中国粤菜名城”、新派粤菜的发源地，在“粤菜师傅”工程的推进下，进一步扩大其美食文化的影响力。

中山历史悠久，人文积淀厚重，饮食文化源远流长。中山名厨大师荟萃，是粤菜师傅的摇篮之一，培养出数百位获得国家或省级名厨名师称号的粤菜大师。中山既有敢为天下先的气魄，也有敢尝天下先的精神，博采粤港澳烹饪之精华，“中餐西做、西餐中做、南北融合”，成为国内新派粤菜的发源地之一。中山深入打造“美食中山、粤菜名城”的城市名片，以粤菜小切口，带动民生大发展，促进旅游、农业、文化等“舌尖上的产业”深度融合。

中山在人才队伍、就业创业、品牌打造、标准体系、饮食文化等方面精准发力，建设了一批粤菜师傅培训基地、大师工作室。2023年12月，中山市技师学院厨师学院成立，着力培养粤菜烹饪技术技能人才，在促进创业就业、助力精准帮扶、发展预制菜产业等方面取得新进展。

石岐乳鸽的快速发展是广东持续推进“粤菜师傅”工程的一个缩影。近年来，中山市已累计培训“粤菜师傅”超过3万人次，创新建设

1 | 2

1. 中山东区。叶志文　摄
2. 中山市金钟湖公园。叶志文　摄

2024年6月30日，在深中通道中山登陆点，首批车辆从翠亨东收费站驶上深中通道。
石磊　张令　钟志辉　摄

34个乡村振兴技能人才服务站，建成省级粤菜师傅培训基地、粤菜师傅大师工作室各4个，官方认证15个粤菜师傅非遗文化项目，推动名厨大师传承粤菜技艺。

一方水土养一方人，饮食是一个城市文化的浓缩，也是一座城市的精神内核所在。中山通过擦亮“中国粤菜名城”这块金字招牌，成功打造了集美食、美景、文化于一体的湾区文旅新名片。